U0242890

写给小学生看的相对论2

变慢的时间

〔日〕福江纯◎著　　〔日〕北原莱里子◎绘　　　肖　潇◎译

（第2版）

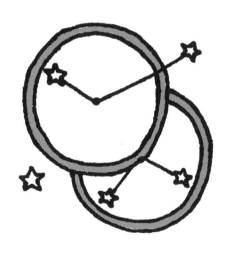

北京科学技术出版社

BOKU DATTE AINSHUTAIN
Vol.1 Tsuki to ringo no hosoku
By Jun Fukue, illustrated by Nariko Kitahara
Text copyright © 1994 by Jun Fukue
Illustration copyright © 1994 by Nariko Iwanaga
First published 1994 by Iwanami Shoten, Publishers, Tokyo
This simplified Chinese edition published 2022
by Beijing Science and Technology Publishing Co., Ltd., Beijing
by arrangement with the proprietors c/o Iwanami Shoten, Publishers, Tokyo

著作权合同登记号　图字：01-2011-6555

图书在版编目（CIP）数据

写给小学生看的相对论．2，变慢的时间 ／（日）福江纯著 ；（日）北原莱里子绘 ；肖潇译．— 2版．— 北京 ：北京科学技术出版社，2022.6（2024.9重印）

ISBN 978-7-5714-1957-8

Ⅰ．①写… Ⅱ．①福… ②北… ③肖… Ⅲ．①相对论-少儿读物 Ⅳ．①O412.1-49

中国版本图书馆CIP数据核字（2022）第002152号

策划编辑：桂媛媛		电　　话：0086-10-66135495（总编室）	
责任编辑：张　芳		0086-10-66113227（发行部）	
封面设计：缪白雪		印　　刷：三河市华骏印务包装有限公司	
责任印制：李　茗		开　　本：889 mm×1194 mm　1/20	
出 版 人：曾庆宇		字　　数：35千字	
出版发行：北京科学技术出版社		印　　张：3.4	
社　　址：北京西直门南大街16号		版　　次：2012年5月第1版	
邮政编码：100035		2022年6月第2版	
网　　址：www.bkydw.cn		印　　次：2024年9月第2次印刷	
ISBN 978-7-5714-1957-8			

定　价：148.00元（全4册）

学习爱因斯坦
成为爱因斯坦
超越爱因斯坦

激发好奇兴趣
探索自然规律
揭示宇宙奥秘

为科学做贡献
为文明添光彩
为人类造幸福

中国科学院院士 吴岳良

2012.3.12

目 录

在宇宙飞船里观察光

京都的夏天是从祇园祭开始的。

提到祇园祭，很多人都会想到7月17日盛大的花车巡游，还有之前持续好多天的庆祝活动。的确，花车巡游是祇园祭的高潮部分。在被称为"宵山"的前夜祭（7月16日），会有60多万人从四面八方聚集到活动场地。

实际上，祇园祭是日本规模最大的祭典之一，它从7月1日的"吉符入"开始，持续一个月之久。

参加巡游的花车终于开始组装了，传统音乐的曲调也在街巷中飘起，节日的气氛变得越来越浓！

　　　京都炎热的夏天开始了。

　　"妈妈——我回来啦！有冰棍吗？"

　　"在冰箱里呢。"

　　"啊——真好吃！"

　　"好吃吧？星子，你今天回来得好晚啊！"

　　"今天我值日。天气太热了，真让人受不了。夏天为什么这么热呢？"

"可能是因为太阳挂在天上的时间长吧。太阳可是非常热的。"

"原来是因为太阳的缘故啊！那么，太阳为什么会这么热呢？"

"这个好像和燃烧煤气是一个道理。我记不太清楚了。"

"正好暑假作业里有一项自由研究，我就自己来研究研究这个问题吧。"

"说到作业，之前响子老师的老师说什么来着……"

"啊，差点儿忘了！翼教授问过从以光速飞行的宇宙飞船里看到的光束会是什么样子，让我们有空的时候好好想一想，然后告诉他。可是我最近有好多作业，你呢？"

翼教授布置的家庭作业

从以光速飞行的宇宙飞船里看到的与飞船并排飞行的笔直的光束，会是什么样子呢？

按照伽利略的相对性原理思考的话……

① 电车无论是以一定的速度行驶，还是静止不动，电车里的物体（比如一个球）的运动状态都不会发生变化。

"嗯，我想了想，觉得如果飞船以光速飞行，从飞船上看到的光束应该是静止不动的。"

"为什么呢？"

"之前在老师的大学里，我们听翼教授讲过伽利略的相对性原理吧？他是怎么说的来着？"

"嗯——是关于电车里的球下落时会怎样、两辆新干线列车擦肩而过时对方的速度是怎样的之类的问题……后来还

②当两辆列车相向行驶时，虽然从其中一辆列车上观察到的另一辆列车的速度（相对速度）是一定的，但是每辆列车实际在以什么速度行驶是不确定的。

说到了相对论，我觉得那是很难、很深奥的东西，但是那些情况似乎又都是理所当然的。"

😊 "虽然我觉得伽利略的相对性原理与爱因斯坦的相对论是不同的，不过……唉，还是先不说那个了。那你说，如果列车不是相向行驶擦肩而过，而是并排同向行驶的话，会是什么样子呢？这时候，虽然两辆列车都在行驶，但是两辆列车里的人所看到的对方的状态应该是静止吧？"

两辆电车以相同的速度并排同向行驶……

互相看时都觉得对方是静止的（相对速度为0）。所以，

如果宇宙飞船和光束以相同的速度（光速）并排同向飞行，从宇宙飞船里看到的光束应该也是静止的吧？

"嗯——啊，对啊！所以，如果飞船以光速飞行的话，那么飞船里的人看到的飞船外的光束应该也是静止的吧？"

"嗯，是啊。但是，这个答案看起来似乎太简单了。你说呢？"

"你说的好像挺有道理，不过还是不太清楚啊。明天咱们再去找响子老师问问吧。"

光的速度

第二天放学后，小智和星子一起去找响子老师。

"老师，我们还是有些不太明白的地方。"

"什么地方不明白呢？啊，小智也一起来了呀。"

"老师好！"

"上次翼教授让我们回来想一想：如果宇宙飞船以光速飞行，从飞船里看到的光束会是什么样子？"

"嗯，我记得。那你们觉得应该是什么样子呢？"

"小智说，他觉得光束看上去应该是静止的。"

"小智为什么会这么想呢？"

小智以两辆列车并排同向行驶为例说明了自己的想法。

"但是，如果真是这么容易想明白的话，翼教授就不会特意让我们思考了。响子老师在回来的路上也说过，关于这个问题，爱因斯坦也努力思考了很久。所以，我猜这应该与相对论有些关系吧。"

"小智很擅长推理！对，的确是这样。"

& "咦——"

"也就是说，光速的问题与爱因斯坦的相对论，尤其是他的狭义相对论有很大的关系。简单地说，不管人以什么速度行进，在他们的眼中，光速都是一样的，他们不会看到光静止不动或者速度变慢。"

& "啊！"

新干线列车　　喷气式飞机

时速 270千米　　　时速 1000千米
秒速 75米　　　　　秒速 约280米

"我们还是先讲讲光的速度吧。"

&　"嗯!"

"现在大家都知道,光的速度是每秒30万千米,也就是1秒钟光就可以绕地球走7周半。这么说似乎还不是特别容易理解。这样吧,我们拿它和新干线列车做个比较。'希望号'的时速是270千米,那么秒速就是……"

老师噼里啪啦地按起了桌上的计算器。

"秒速只有75米。如果与喷气式飞机比较的话,喷气式飞机的时速是1000千米,那么秒速就是,嗯,不到300米。换成速度更快的火箭,秒速大约是11千米……也只是光速的1/30000。这么一对比,谁快谁慢,快多少慢多少,就一目了然了吧? 光的速度真是快得超乎想象啊!"

火箭

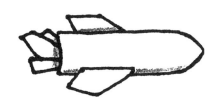

时速 4万千米
秒速 11千米

光

时速 10.8亿千米
秒速 30万千米

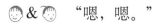 "嗯，嗯。"

"所以，很久很久以前，在人类对光还不是很了解的年代，人们曾经认为光的速度是无限的。后来，当能够测量光速之后，人们才知道光的速度虽然非常非常快，但绝不是无限的！嗯——那是什么时候的事情呢？稍等一下，具体时间我也记不太清楚了……"

响子老师拿出一本叫作《理科年表》的书，这是一本类似于理科辞典的书。呵呵，看来响子老师也不是什么都能够记住啊。

这并不是因为老师的记忆力不好，而是因为人的大脑容量有限。所以，掌握工具书的使用方法比记住书中的所有内容更为重要。

🙂 "啊！找到了，找到了！在这里，最早估算出光速是在1675年，已经是300多年以前的事情了。现在测量到的光速，呃，在哪里呢……啊，在这里！"

在响子老师翻开的那一页上写着：

真空中的光速 c 2.99792458×10^{8}米/秒

🙂 "'光速'就是'光的速度'的简称。之所以注明'真空中'，是因为在空气或者水中，光的传播方式会发生细微的变化，所以光速是在没有任何干扰因素的真空中测定的。这里的符号'c'是表示光速的专用符号，不能用'α'或者'β'代替，一定要用英文小写字母'c'。"

🙂 "这个8看起来好奇怪！是印得不对吗？"

🙂 "我好像见过这样的写法，但是……"

🙂 "哦，这个'10^8'的意思是1后面有8个0。最后面的'米/秒'是速度单位，表示每秒钟通过的距离是多少米。所以，所谓光速c就是："

光速c=秒速2.99792458×100000000米

=秒速2.99792458亿米

=秒速29.9792458万千米

"为了方便，计算的时候一般就把它四舍五入，算成秒速30万千米。"

■ 光速c ■

准确地说，光速c为秒速29.9792458万千米，如果我们把它大致看成30万千米，那么光通过下面的距离大概需要多长时间呢？

		大概距离
①	从京都到东京	500千米
②	从东京到纽约	1万千米
③	从地球到月球	38万千米
④	从地球到太阳	1.5亿千米

答案

④ 500秒   ③ 1.3秒

② 0.03秒   ① 0.0017秒

光的真面目？

👧 "说了这么多，光也逐渐露出了它的本来模样。你们知道光到底是个什么样的东西吗？"

😊&😀 "不太清楚。"

👧 "嗯，你们可能都没听说过。实际上，光有着十分复杂的属性。有时候，因为好像看到了光的'粒子'在飞，所以人们称它为'光子'；有时候，因为看上去好像在以'波'的形式传播，所以它又被叫作'光波'。"

😊&😀 "哦——"

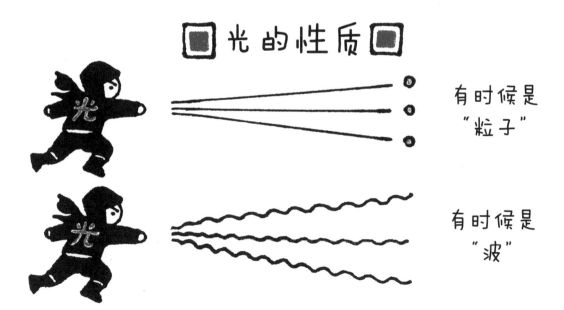

回 光 的 性 质 回

有时候是
"粒子"

有时候是
"波"

"嗯，其实关于这方面的知识，老师也不是很清楚，所以我们就先讲到这里吧。后来呢，有一个叫麦克斯韦的人，呃——在什么时候来着……对了，是在1861～1862年，揭开了光的真实面目。根据光在真空中的传播速度，他认为光是一种电磁波，并且总结出了表示这种波的传播方式的理论。这个理论实际上清楚地说明了光的性质。"

& "啊——"

"只不过，波和波也不是完全相同的。一般的波，比如大海里的波浪，传播的时候需要水，对吧？另外，声音也是一种波，你们知道它是通过什么传播的吗？"

"是通过空气吧？"

"对。所以，声音在呈真空状态的宇宙空间里是没办法传播的。"

"咦？那就是说，动画片里经常出现的在宇宙中发出声音的情节是骗人的喽？"

麦克斯韦
1831-1879

15

"是的。比如说，在宇宙飞船外发生了爆炸，我们应该听不到爆炸的声音才对。但是，我们能看到爆炸发出的光和星星的光，对吧？也就是说，在没有空气的宇宙空间里，虽然声音没办法传播，光却可以传播。光和其他的波不一样，它是一种即便在没有水和空气的环境中也能传播的特殊的波。"

"电视台传送的卫星信号也能在宇宙空间里传播，这其中有什么关联吗？"

"你了解得还真不少啊，小智！电波虽然用肉眼看不见，但也是光的同类。卫星电视就是先通过人造卫星的天线发出信号，再利用家里的电视天线接收这些信号来播出节目的。通过改变电波的形式，还可以传输不同的画面和声音信息。电视遥控器用到的红外线、医院拍片用到的X射线等，虽然用肉眼都看不到，但也都是光的同类。"

光 的 同 类

肉眼能看见的光
（可见光）

电　波　　　　红外线

X射线　　　　紫外线

👧 "哇！"

👧 "那么光的这些同类之间又有什么区别呢？"

👩 "它们的波长是不一样的。你们想一想，大海上起伏荡漾的波浪也是一样的，有的地方高，有的地方低，对吧？高处就叫作'波峰'，低处就叫作'波谷'。在判断一种波的性质时，要测量两个波峰之间的距离，这个距离就叫作'波长'。光波也是有波长的。例如，我们用肉眼就能看到的光叫作'可见光'，它的波长约是……嗯——0.000038～0.000077厘米。"

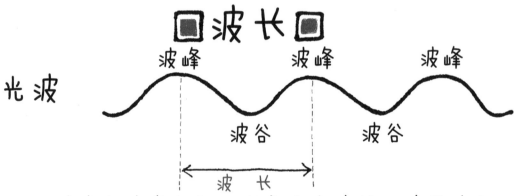

波峰与波峰之间的距离叫作波长，波长决定波的性质。

"怎么这么短呀？"

"没错。红外线的波长比可见光的波长略长，电波的波长则比可见光的波长长很多，有1～100厘米呢。此外，也有像紫外线和X射线这样波长比可见光的波长短很多的光。不过，虽然这些光的波长各不相同，但是它们有一个共同之处——传播的速度都是光速c！"

光速永远不变

"说起来，爱因斯坦在思考狭义相对论时，遇到的一个大问题就是我们刚刚说到的光。如果光的速度是不变的，那么就应该像小智刚才说的那样，当我们和光以相同的速度并排同向行进时，我们看到的光应该是静止的才对。也就是说，如果观察角度和测量方法不同，光的速度应该也是不同的。但实际上，无论怎么精确地测量，光的速度都没有丝毫改变。"

"咦——"

无论怎样测量，光的速度永远都是一样的。

👧 "也就是说，光的性质并不符合我们之前认为理所当然的伽利略的相对性原理。这样一来，事情就变得十分复杂了。所以，对'如果以光速行进，看到的光会是什么样子'这个问题，爱因斯坦也曾和小智一样，苦苦地思索过。在思考了很久很久之后，爱因斯坦终于想到了一个看起来轻而易举的解决办法。"

😊 & 😊 "啊！"

👧 "简单地说，就是无论怎样测量，光的速度看起来永远都是一样的，于是就在这个基础上认定，无论在什么情况下，光的速度都是一样的！也就是说，无论一个人正在做什么运动，对他来说光的速度都是不变的，真空中的光速c是个固定的数值。爱因斯坦就是这样想的。"

嗯，光的速度什么时候都是不变的！

"这个想法很了不起吗？"

"是呀！但是，那个时候的人都相信伽利略的相对性原理，认为那才是理所当然的，他们都在为光的速度会发生变化寻找证据，即便找不到，也会找出各种理由来辩解，所以认同爱因斯坦的'光速是不变的'这个想法的人少之又少。而我们现在想来，那确实是最简单的解释了。还有，如果光的速度对谁来说都是一样的，那么一切会变成什么样子呢？想想也挺可怕的。这样一来，人们就必须改变长久以来形成的关于时间、空间和运动的'常识'了。"

"那么，人们的常识会变成什么样子呢？"

"这个呀，首先时间和空间不再是'绝对的'东西，而是因人而异的。例如，快速运动着的人看到的时间是变慢了的——总之，会有很多这类看上去不可思议的事情发生。关于这个，我还可以给你们再多讲一些，但是今天已经不早了，等你们放了暑假来老师这里玩的时候再讲怎么样？"

& "好——"

爱因斯坦提出狭义相对论之前……

有一个"绝对的"时间，时间的流逝在任何人看来都是一样的。

爱因斯坦提出狭义相对论之后……

时间变成了因人而异的"相对的"东西。

爱因斯坦的狭义相对论

　　期待已久的暑假终于到了。今天是约好去响子老师的大学的日子……

"我回来啦！哎呀，星子，你好点儿了吗？"

　　平日里总是活蹦乱跳的星子，昨天却因为热伤风病倒了，所以今天只有小智一个人跟响子老师去了大学。

"喂，快说说你们都聊了些什么。"

"等等，先让我喝点儿麦茶。"

"快说嘛！你们都聊了些什么呀？"

"嗯，这个……"

"爸爸也想一起听听，好不好？"

"啊——爸爸也要听？"

"嗯，爸爸也对爱因斯坦的相对论很感兴趣。"

据说，爸爸也读过爱因斯坦的书。

"开始做饭之前，我也来听听怎么样？"

"咦？连妈妈也感兴趣！"

就这样，小智要给全家人讲解从翼教授那里听来的知

识。他拿出了笔记本。

"我想回来讲给星子听，所以记了很多笔记。"

小智一边看着笔记，一边讲了起来。

爱因斯坦的

狭义相对性原理

如果以同样的速度保持运动状态，那么无论速度如何，自然的法则对任何人来说都是一样的。

☺ "首先，响子老师给我们总结了爱因斯坦的狭义相对论的两大重要支柱，其中一个是'狭义相对性原理'。之前提到过，无论是对静止不动的人还是对以接近光速的速度运动的人，自然的法则都是一样的，在行驶的电车里落下的皮球都会落到我们脚边，对吧？这有点儿像是对伽利略的相对性原理的扩充。

"另外一个是'光速不变原理'，也就是响子老师之前说过的，无论你以什么速度行进，光速对任何观察者来说都是一样的。

"所谓狭义相对论，就是爱因斯坦以这两个原理为基础，在……我看看……在1905年提出的理论。这种相对论之所以被冠以'狭义'二字，是因为还有一种与重力相关的相对论，那种被称为广义相对论。"

在行驶的电车上，时钟变慢了

"那么，从狭义相对论的角度来看世界，就会发生各种各样不可思议的事情。例如，在行驶的电车上，时钟会变慢。"

"时钟为什么会变慢呀？它坏了吗？"

"呵呵，我们先听小智讲讲。"

"为了比较电车里外的时间，我们要使用一种叫作'光钟'的东西。在光钟上，光的射出面与镜面平行且相对而设，光从射出到被镜面反射回射出面的时间刚好是1秒钟。"

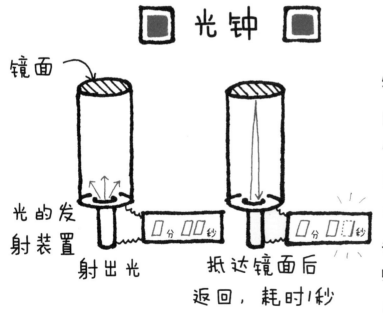

光钟

镜面

光的发射装置

射出光

抵达镜面后返回，耗时1秒

（注意）

因为光速为每秒30万千米，所以光钟的高度必须达到15万千米。虽然在现实中我们没办法制造出这样的时钟，但是我们可以在大脑中想象出它的样子。

"为什么非要用那样的时钟呢？一般的时钟不行吗？"

"这个，一般的时钟虽然也可以……"

"所谓测量时间，实际上和按照一定的频率来计算一件事情反复发生的次数是一样的，比如石英钟就是要计算石英晶体的振荡频率、地球绕着太阳转一圈就是1年等。在相对论中，由于光的速度在任何情况下都是固定不变的，所以使用以光速为计时标准的时钟比较好。"

石英钟里面有一片薄薄的石英晶体，当有电流通过时，石英晶体会产生有规律的振动。石英钟就是靠计算这种振动的次数来准确计时的。

"嗯，嗯，爸爸说得对。那么，我们现在就假设把这种光钟分别放在了电车的里面和外面。然后呢，比如说，我站在车外看车外的光钟，光往返一次需要1秒钟。这时坐在车里的星子看车里的光钟，光往返一次也需要1秒钟。这看起来没有任何问题，对吧？"

站在车外看车外的光钟，坐在车里看车里的光钟，光射到镜面再返回射出面所需的时间都是1秒。

如果站在车外看车里的光钟，射到镜面再返回射出面的光似乎走了更远的一段距离。

既然光的速度永远都是一样的，那么走的距离远了，需要的时间自然也就长了。所以站在车外看车里的光钟，就会觉得它似乎走慢了一点儿。

而坐在车里看车里的光钟，光射出再返回射出面只需要1秒钟。

运动方式不同，时间的流逝也会发生变化。

"嗯，没错。"

"但是，当我观察车里的光钟时，我觉得事情变得很奇怪。这是为什么呢？因为从车外观察车里的光钟时会看到，在光线从射出到到达镜面的过程中，镜面移动到了①这个位置，在光从镜面返回射出面的过程中，射出面移动到了②这个位置。所以，在站在车外的我看来，光必须走更远的距离，比直上直下的往返要远。"

"原来如此。"

"既然如此，因为光的速度是固定不变的，所以从外面观察，与车外的光钟相比，车里的光钟的光往返所需的时间就更长，对吧？所以，列车里面的时间似乎走得慢了。"

"啊，真有意思！"

"刚才我们用的是脑袋中想象的光钟，其实用一般的时钟也是一样的。在了解了光速是一种特别的东西之后，我们之前关于时间和空间的认识也会发生变化。"

"真是越听越觉得奇妙啊！"

时间会变慢多少呢？

😊 "对了，爸爸，我还想向您请教有关计算时间变慢了多少的公式的问题呢。喏，就是这个。"

只见小智的笔记本上写着：

$$静止的人（自己）的时间 = \frac{运动中的人（对方）的时间}{\sqrt{1-速度比 \times 速度比}}$$

其中，速度比是运动中的人（对方）的速度与光速的比例。

😮 "咦？这个拐来拐去的怪符号是什么？"

😊 "噢，这个符号叫作'根号'。"

😮 "根号？"

😊 "比如说 $\sqrt{25}$（读作"根号25"）等于5，表示25是两个5相乘所得的结果。也就是说，根号下的数是一个数和自己相乘的结果。所以，$\sqrt{9}$ 等于3，$\sqrt{16}$ 等于4。"

□ √（根号）□

（详细的内容在中学的数学课上会学到。）

两个相同的数相乘后得到a，那么这个数就叫作"a的平方根"，写作$\sqrt{a}$（读作"根号a"）。

因为2×2=4，所以$\sqrt{4}$等于2。

同样，因为3×3=9，所以$\sqrt{9}$等于3；

因为4×4=16，所以$\sqrt{16}$等于4。

平方根并不一定都是整数。例如，$\sqrt{2}=1.4142135\cdots\cdots$（后面还有无穷无尽的数字）。（如果你的计算器上有"√"键，就能轻松地算出某个数的平方根。先把√下的数字输入计算器，然后按下"√"键就可以了。现在就试一试吧。）

"嗯，那么，$\sqrt{10}$ 呢？"

"这个得出的不是整数啊，嗯……"

爸爸拿出了计算器。

"3.1622776……嗯，小数点后面还有无穷无尽的数字。不过把两个3.1622776相乘，还是约等于10的。"

星子拿着计算器算了一遍。

"真的呢！"

"还有，这个公式里面的'速度比'，是指运动中的对方的速度与光速的比例。"

"比例？"

"例如，如果对方以每秒29万千米的速度行进，而光速是每秒30万千米，用29万除以30万，嗯，比例就是29／30，也就是0.9667。"

"啊，原来是这样啊。"

"所以，如果对方以每秒29万千米的速度行进，就相当于光速的0.9667。那么，在这个公式里，在速度比的地方填入0.9667进行计算就可以了。"

"好，那咱们这就算算看吧。

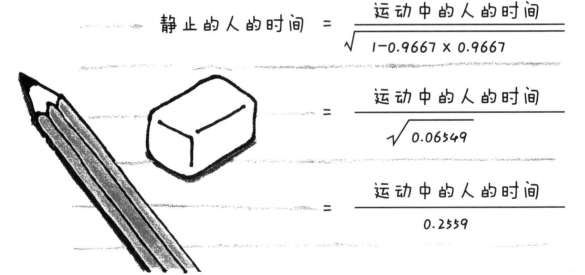

$$\text{静止的人的时间} = \frac{\text{运动中的人的时间}}{\sqrt{1-0.9667 \times 0.9667}}$$

$$= \frac{\text{运动中的人的时间}}{\sqrt{0.06549}}$$

$$= \frac{\text{运动中的人的时间}}{0.2559}$$

"是这样吧？"

"是啊，确实是这样。"

"你说得那么热闹，结果还不是爸爸算出来的？"

"嘻嘻，说得也是。那么，分母是0.2559的话，如果运动中的对方过了1秒的时间，我自己的时间就是1除以0.2559，约等于3.908，差不多过了4秒。这样一来，运动中的对方的时间就变慢了啊！"

"的确如此。用对方的相对速度除以光速，把结果代入这个公式，就能计算出以各种速度运动的人，时间分别变慢了多少。"

静止的人   以每秒29万千米的速度行进的人

（注意）根据相对性原理，并不能绝对地判断谁是静止的，谁是运动的。这里所说的"静止的人"，是指将这个人看作是静止的，然后以他为参照物来判断运动中的人的时间。

"嗯，那么，星子，咱们把新干线列车的速度代到公式里算算吧。"

"嗯，新干线列车的时速是270千米，相当于秒速0.075千米，速度比就是0.00000025。好小的数字啊！把它代到刚才的公式里……啊，分母变成1了！这是为什么呢？"

"有的计算器遇到位数很多、很难计算的数字时，比如这个趋近于1的数字，就会自动四舍五入。"

"那么，也就是说，如果是新干线列车那种速度的话，静止的人和运动的人的时间大致就是一样的，对吧？我们再用一个对方速度接近光速的例子试试看。"

"好的。那么，假设秒速是29.5万千米……速度比就是0.9833，把它代入刚才的公式……

$$静止的人的时间 = \frac{运动中的人的时间}{0.182}$$

"再试试。如果秒速是29.9万千米，速度比是0.9967的话……

$$静止的人的时间 = \frac{运动中的人的时间}{0.0812}$$

"呵，分母越变越小了啊。"

$$\text{静止的人的时间} = \frac{\text{运动中的人的时间}}{\sqrt{1-\text{速度比}\times\text{速度比}}}$$

这个公式是爱因斯坦提出的。

在这个公式里，代入运动中的人的速度与光速的比例，即"速度比"，就能够计算出运动中的人的时间究竟变慢了多少。

对以各种速度运动的人来说，他们的1秒钟分别相当于静止的人的多长时间呢？我们做了以下计算。

运动中的人的速度	速度比	运动中的人的1秒钟相当于静止的人的多长时间呢？
秒速0.001千米（步行）	0.0000000033	1秒
秒速0.075千米（乘坐新干线列车）	0.00000025	1秒
秒速29万千米（接近光速）	0.9667	3.9秒
秒速29.5万千米（更接近光速）	0.9833	5.5秒
秒速29.9万千米（非常接近光速）	0.9967	12.3秒

"这么说来，随着对方的速度逐渐接近光速，分母会逐渐变小，而时间也会变得越来越慢。也就是说，速度越快，时间走得就越慢！"

"可是，真的是这样吗？我怎么想都觉得不可思议。有没有证据呢？"

"其实，我一开始也不敢相信。但是，真的有证据！比如说……那个东西叫什么来着，啊，对了，叫渺子※。"

"渺子？"

"嗯，它是基本粒子的一种。"

基本粒子

基本粒子是用显微镜也看不到的极其微小的粒子。基本粒子有几百种，它们构成了宇宙间的万物，传导着各种力量，起着非常重要的作用。

第14页讲到的光子和能够形成电流的电子都属于基本粒子。

"咦？爸爸是怎么知道的？"

"呵呵，我也就知道这么多。"

爸爸略带得意地回答。

"正如爸爸所说，渺子是一种构成物质的极其微小的粒子。一般来说，这种微粒的寿命很短，很快就会被破坏掉，嗯，大概是0.000002秒。但是，它们在快速行进的状态下比在静止的状态下存在的时间要长，这就证明了快速行进状态下的时间比静止状态下的时间流逝得慢。除了这个之外，还有很多证据可以证明。"

"啊，真的证明了？"

"该吃晚饭喽。"

吃饭的时候，全家人仍然热烈地聊着相对论。吃过晚饭之后，讨论还在继续……

※渺子：构成物质的一种微粒，性质与电子类似，但质量大约是电子的207倍。英文名称为muon，符号为μ-。

——编者注

浦岛效应之谜

😊 "下面要说到的事情与时间的流逝有点儿关系，是关于'浦岛效应'的。"

😊 "浦岛效应？"

😊 "嗯，比如说，你们知道与七夕传说有关的织女星吧？这颗星是天琴座的主星，离我们很远很远，从地球到织女星，即便以光速行进，也要走25年。现在，以我和星子这样的双胞胎作假设。我坐着飞行速度比光速稍慢的宇宙飞船，以每秒29万千米的速度飞向织女星，做一次宇宙旅行，星子则留在地球上。这样假设行吗？"

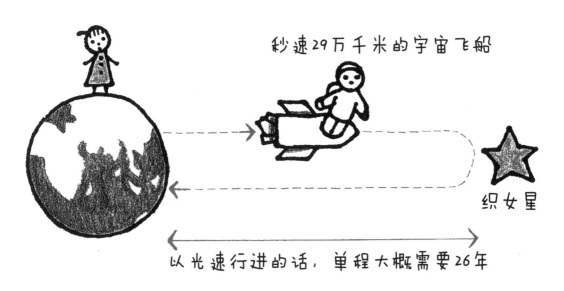

秒速29万千米的宇宙飞船

织女星

以光速行进的话，单程大概需要26年

"嗯，行！"

"秒速29万千米，就是光速的29/30，那么单程需要的时间就是以光速行进的时间的30/29倍，所以大概需要26年。

$$25\text{年} \times \frac{30}{29} = 25.9\text{年}$$

也就是说，我从出发到返回地球，地球上已经过了52年，但是因为在宇宙飞船里时间会变慢，所以在往返的宇宙飞船里，时间只过了13年……嗯，老师当时就是这样讲的。"

"如果代入刚才的公式计算，那么留在地球上的星子的时间是过了52年，而飞船中的小智的速度比是0.9667……"

$$52\text{年} = \frac{\text{乘坐宇宙飞船飞行的人的时间}}{\sqrt{1-0.9667 \times 0.9667}}$$

$$\underline{\quad\quad} = \frac{\text{乘坐宇宙飞船飞行的人的时间}}{0.2559}$$

所以，

乘坐宇宙飞船飞行的人的时间 $= 52\text{年} \times 0.2559$

$$\approx 13\text{年}$$

 "什么？宇宙飞船里只过了13年？"

"对。也就是说，如果小智去织女星做一次宇宙旅行，而星子留在地球上的话，那么当小智回来的时候，小智只有'11+13＝24'岁，而星子已经'11+52＝63'岁了。即使是同一天出生的双胞胎，年纪也会出现这么大的差别呢！"

"啊！就像浦岛太郎一样，只去龙宫住了几天，人间就已经过了几百年，所以这种现象才叫作浦岛效应，对吧？"

"我可不想变老，还是坐宇宙飞船去旅行比较好。"

"我原来也这么想。那这回就换星子坐宇宙飞船吧。不过，最后还是星子变老。"

"啊，为什么啊？"

"这是因为，无论是在被看作静止不动的地球上，还是在以接近光速的速度飞行的宇宙飞船里，都要遵从自然法则不变的狭义相对性原理啊！"

"哦，原来是这样啊。"

"也就是说，对坐在宇宙飞船里的人来说，宇宙飞船运动时和静止时是一样的，所以坐在飞船里的星子并不能分辨飞船是运动的还是静止的。因此，虽然宇宙飞船在飞行，但对星子来说，相对静止的是自己，运动的反而是地球，对吧？"

"嗯，的确可以这样说。"

"按照相对论的原理，把地球看作运动的，那么从坐在宇宙飞船里的星子的角度来看，地球上的时间反而是变慢了的。也就是说，当宇宙飞船返回地球的时候，我还是24岁，但是星子已经63岁啦。"

"这样啊！为什么总是只有我变老？我才不要变老呢！"

"所以啊，从地球上看，会觉得宇宙飞船里的时间过得慢；而从宇宙飞船里看，会觉得地球上的时间过得慢。听起来很神奇吧？这样一来，双胞胎的年龄就互相矛盾，变成相悖的了……这叫什么来着？"

"悖论吗？"

"嗯，对，这个就叫作双胞胎悖论。"

■ 双胞胎

星子留在地球上，小智坐着宇宙飞船去旅行。

①

从留在地球上的星子的角度来看，小智乘坐的宇宙飞船以接近光速的速度在飞行。

②

小智的时间变慢了，所以飞船返回地球时，小智还很年轻，但是星子已经老了。

悖论 □

小智留在地球上，星子坐着宇宙飞船去旅行。

①

从坐在宇宙飞船里的星子的角度来看，
小智所在的地球以接近光速的速度在飞行。

②

小智的时间变慢了，所以飞船返回地球
时，小智还很年轻，但是星子已经老了。

"到底什么是悖论呢？"

"所谓悖论，就像我们现在正在说的，是在逻辑上可以推导出互相矛盾的结论，但表面上又能自圆其说的命题或理论。"

"不过，这样说来，相对论不就很可笑了吗？"

"这个我也不懂，所以请教了老师。老师是这样解释的：宇宙飞船飞行时，我们认为宇宙飞船和地球一样，运行速度是不变的，所以他们就会看到对方的时间变慢了，但实际情况是，飞船返回地球的时候，必须在织女星的位置绕个U字形。"

"嗯。"

"虽然飞船是以光速的29/30的速度在飞行，但中途必然会有一个时候要停下来改变方向飞回地球，这个时候它的速度就会发生变化，对吧？所以，宇宙飞船和地球不一样，它不是一直以同一速度运行的。"

"啊？听不明白。"

"爱因斯坦的狭义相对论认为，如果对方不是以同样的速度保持运动，那么这个理论就不适用。"

"咦？可是，最后呢？实际上到底会怎么样呢？"

"嗯，实际的结果嘛，还是坐宇宙飞船旅行回来的人更年轻一些，而留在地球上的人年纪更大一些。"

"是吗？那我还是要坐宇宙飞船。"

"知道啦，知道啦！你想坐就坐吧。"

速度的加法

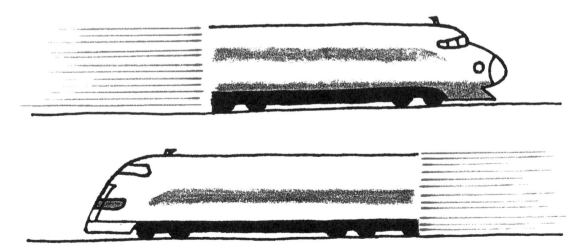

"后来呀，老师还教了我速度的加法。"

"速度的加法？"

"是的。你还记得'光之号'和'希望号'相向行驶擦肩而过时，'光之号'上的人会看到什么样的情景吗？"

"嗯，我记得……当时提到了相对速度。对了，是把'光之号'的速度和'希望号'的速度相加。"

相对速度＝"光之号"的速度＋"希望号"的速度

"但是，如果真这样计算，比如说，当秒速29万千米的'光之号'和秒速29万千米的'希望号'相向行驶擦肩而过时，相对速度就是秒速58万千米，这已经超过了光速吧？"

"是啊，这有什么不对吗？"

"当然，宇宙中运动得再快的物体，速度也不会超过光速。也就是说，光速是宇宙中最快的速度。"

"啊，光速真是太厉害啦！"

> 宇宙间的万物都不可能比光走得更快。

这条法则也是爱因斯坦发现的。

假设两个物体以每秒29万千米这一比光速略慢的速度相向而行，当它们擦肩而过时，如果单纯相加求相对速度，相对速度就会变成每秒58万千米，这超过了光速。所以，这两个物体不论哪一方看另一方，对方的相对速度都是每秒58万千米，都超过了光速，这不符合爱因斯坦发现的法则。因此，在爱因斯坦的狭义相对论中，相对速度的计算方法也发生了变化。

"所以呢，在用爱因斯坦的狭义相对论进行思考的时候，不能把速度简单相加。和前面说到的时间的计算一样，要用速度和光速算出速度比。"

$$相对速度的速度比 = \frac{"光之号"的速度比 + "希望号"的速度比}{1 + "光之号"的速度比 \times "希望号"的速度比}$$

"咦？为什么要这样算啊？"

"老师说，这个要等我们再多学一些知识以后才能给我们解释明白。但是，这个公式本身并不是很难。用这个公式计算的话，即使'光之号'和'希望号'的速度都是每秒29万千米，相对速度也比光速要低。"

"嗯，当速度是每秒29万千米时，速度比是0.9667，那么相对速度的速度比就是：

$$相对速度的速度比 = \frac{0.9667 + 0.9667}{1 + 0.9667 \times 0.9667}$$

$$= 0.9994$$

"再算算，如果相对速度相当于光速的0.9994的话，它就是：

$$30万千米 \times 0.9994 = 29.98万千米$$

"真的，确实比光速慢！"

☺ "嗯！还有更有意思的呢！如果'光之号'的速度真的和光速一样，也就是说，当'光之号'以光速行进时，会怎么样呢？"

☺ "如果'光之号'真的以光速前进的话，那么'光之号'的速度比就是1。这时'希望号'的速度是多少呢？"

☺ "我们先假设'希望号'以任意速度行进。"

☺ "好，把'光之号'的速度比1代入公式：

$$\text{相对速度的速度比} = \frac{1 + \text{"希望号"的速度比}}{1 + 1 \times \text{"希望号"的速度比}}$$

$$= \frac{1 + \text{"希望号"的速度比}}{1 + \text{"希望号"的速度比}}$$

$$= 1$$

"啊？得出的结果是1！因为现在计算的是相对速度的速度比，所以当它是1时，就说明相对速度等于光速。"

☺ "这也就是说，无论'希望号'的速度是多少，我们看到的相对速度，也就是对方的速度，都是光速。"

☺ "进一步说就是，如果'光之号'是真正的光，它的速度就是光速的话，无论'希望号'以什么样的速度运动，从运动中的'希望号'上所看到的光的速度永远都是光速。"

☺ "听起来真是不可思议啊！"

光的速度什么时候都一样

在爱因斯坦的速度相加公式中，光的速度无论什么时候都是一样的。

当"光之号"的速度为光速的时候，无论"希望号"的速度是多少，它们之间的相对速度都是光速。

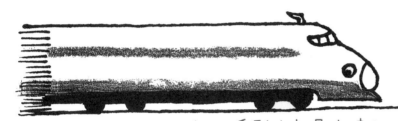

"光之号"
（光的速度）

看到的都是光速！

"希望号"
（可以是任意速度）

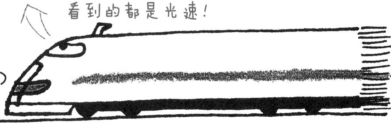

无论"希望号"以什么速度行进，坐在它里面的人所看到的"光之号"的速度（也就是光速）都是不变的。

嗯！

哦！

好厉害！

"咦，如果是这样的话，之前用加法计算相对速度，也就是我们在学伽利略的相对性原理时学到的方法，不就是错误的吗？"

"其实，伽利略的方法也是正确的。也就是说，如果是真正的新干线列车的话，'光之号'的时速大约是240千米，也就是每秒0.067千米，除以光速得到的速度比是0.00000022；'希望号'的时速是270千米，也就是每秒0.075千米，速度比是0.00000025。把它们代入上面的公式：

$$相对速度的速度比 = \frac{0.00000022 + 0.00000025}{1 + 0.00000022 \times 0.00000025}$$

"用计算器算一下，分母约等于1。再换算一下就可以知道，爱因斯坦的算法与伽利略的算法得出的答案大致相同。在我们所处的世界里，因为物体运动的速度都与光速相差甚远，所以用伽利略的算法也是正确的。"

"原来是这样啊。"

"当速度较小的时候，爱因斯坦的算法就基本等同于伽利略的算法。所以说，爱因斯坦的相对论包含了伽利略的相对性原理，但是它把研究对象扩展到了速度接近光速的更大范围内的物体。"

那天晚上，星子做了一个梦。她梦见自己成了宇宙飞船上的女船长，在浩瀚瑰丽的宇宙中自由翱翔，还与宇宙中的坏人勇敢作战。很多很多年过去了，当她捧着来自银河系的神秘宝贝回到地球上的时候，爸爸、妈妈和小智都还是当年她出发时的模样。在大家的欢呼声中，星子打开了盛着银河系神秘宝贝的盒子，里面"噗"地冒出一股烟，她一瞬间变成了老奶奶。虽然这只是个梦，可是也太匪夷所思了。不管怎么说，她觉得自己好倒霉啊！假的，梦都是假的！星子暗暗告诉自己。

爱因斯坦公式

暑假已经过去一半了。小智和星子对太阳为什么会发热产生了兴趣，在暑假的自由研究中，他们研究了太阳能方面的知识。这天，两个人又一头扎进了书堆。他们身边堆满了图鉴、百科全书和关于宇宙的书，连落脚的地方都没有了。

"咦？书上写着，在太阳的中心，4个氢原子核聚合成了一个氦原子核，这叫作'核聚变'，是太阳巨大能量的来源。可是，书上又说，和4个氢原子核的总质量相比，它们形成的氦原子核的质量变小了。这是为什么呢？"

"在哪儿呢？"

"喏，这里写着'爱因斯坦公式'，是关于质量转化为能量的。"

"哦，是这个啊。嗯，你看，这里写着'按照爱因斯坦的相对论的观点，接近光速的时候，时间会变慢。除此之外，他还提出了一个非常重要的公式，让我们了解了物质的质量与能量之间相互转化的关系'。你看你看，这里说了，能量与物质的质量的关系是：

$$能量=质量×光速×光速$$

"这个关于质能转换的公式，就是'爱因斯坦公式'。"

□ 爱因斯坦公式 □

　　宇宙间的万物都具有能量。所谓能量，是指物质所具有的"内在的力量"。
　　爱因斯坦发现能量和物质的质量之间存在着下面的关系。

$$能量 = 质量 \times 光速 \times 光速$$

　　根据这个公式，物质能够通过减轻质量的方式产生大量的能量。虽然在我们所处的世界里，似乎很少见到这样的情景，但是在太阳的中心和核电站的反应堆里，都会产生这样的现象。

"咦？太阳里面发生的事情也和相对论有关吗？"

"嗯，在氢发生核聚变变成氦的时候，质量减少的部分其实并没有真的消失，而是转化成了能量。根据爱因斯坦公式，这部分质量变成了能量，能量在质量的基础上乘了两次光速，所以数字变得巨大无比。嗯，你看，在太阳上，每秒钟有6亿吨氢变成氦，其中的0.7%，也就是420万吨质量变成了能量，这就是太阳发光发热的能量来源。"

"爱因斯坦的相对论在什么地方都能用啊！"

"哎呀……"

"怎么了？"

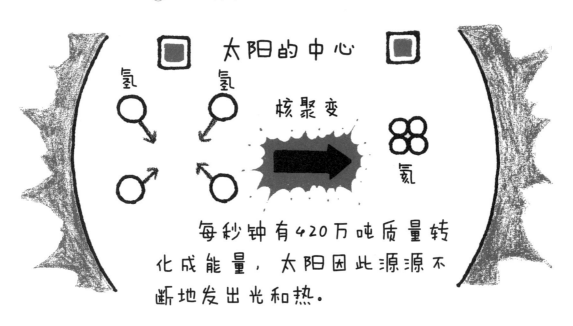

星子顺着小智的视线看过去，只见书上写着：

20世纪初，在爱因斯坦生活的时代，世界上发生了两次规模巨大的战争。尤其是第二次战争，对世界的影响特别大。在第二次世界大战中，爱因斯坦本人也遭受了劫难。第二次世界大战即将结束时，基于爱因斯坦提出的质能转换理论，美国成功制造了两枚杀伤力极大的原子弹，并将它们分别投到了日本的广岛市和长崎市。听到广岛遭受原子弹轰炸的消息，爱因斯坦很是震惊，难过得久久说不出话来。

 "这里还写着，有人认为科学和技术的发展破坏了环境。难道相对论和科学都是坏东西吗？"

 "似乎是有一些不好的后果。不过，正是因为科学的发展和技术的进步，人类的生活才变得丰富和方便的呀。"

 "是啊，没有菜刀就没办法切菜，没有电就连电视都看不成。"

 "嗯。但是菜刀也好，电也好，如果使用的时候不小心，或者使用的方法不对，都会造成伤害。"

 "是啊，使用的时候可要小心点儿。"

 "就拿原子弹来说吧，原子弹的发明制造确实是科技发展的成果，但是将它们用于战争就有问题了。"

 "就是啊，如果用在不正确的地方，科学和技术就会变成伤害人类的工具。"

😊 "所以，在使用科学技术的时候，一定要多加小心，要正确地使用。"

两个孩子的讨论越来越深入了。

夏日的京都迎来了盂兰盆节。从8月16日傍晚开始，以"大文字烧"作为开场，按照大文字形、妙法形、船形、左大文字形、鸟居形的顺序，在环绕京都的五座山上燃起了壮观的篝火。这就是著名的"五山送火"，是京都的传统仪式。有人觉得这个仪式和烧烤晚会差不多，这样说可不行啊。盂兰盆节的山火是恭送祖先灵魂的篝火，是净化之火，把它说成烧烤篝火，祖先们要是听见了，恐怕会生气的吧。

小智一边看着夜色中美丽的篝火，一边在心里想：很小的时候听爸爸说过，以前曾经有人搞恶作剧，在"大文字烧"上添了多余的柴火，把"大"字变成了"犬"字……这样说来，其实也可以把它变成太阳的"太"字啊。

与太阳中心产生的光和热相比，山上的篝火发出的光和热实在太微不足道了……但是，我们长大以后，一定不会使用像原子弹这样杀伤力巨大的"火"，而要找到能量强大但不会伤人的"火"……

伴随着传统的送火仪式，京都告别了夏天。